Die bunte Welt der Omnibusse

Podszun Motorbücher
Bahnhofstraße 9, 5790 Brilon

Fotos: Regenberg

Herstellung:
Druckhaus Cramer, Greven

ISBN 3-923448-16-3

BERND REGENBERG

Die bunte Welt der

Omnibusse

VOM „OMNIBUS" ZUM MOTORBUS

Ein Herr Stanislas Baudry, Besitzer einiger öffentlicher Bäder in der französischen Stadt Nantes, bot den Besuchern seiner Einrichtungen ab 1819 als besonderen Service die Benutzung von 18sitzigen Pferdekutschen an, die auf festen Linien zu seinen Bädern verkehrten. Bald erkannte er, daß auch andere Bürger seine Droschken gern in Anspruch nahmen. So ging er mit seiner Idee nach Paris und ließ sich 1828 von der Stadtverwaltung 12 Linien zuteilen, auf denen seine „Omnibusse" regelmäßig verkehrten. In offiziellen Dokumenten aus dieser Zeit erschien so zum erstenmal dieser neue Begriff Omnibus, ein lateinisches Wort, das einfach „für alle" bedeutet, und für alle war dieses neue Verkehrsmittel gedacht, eine echte Revolution in einer Zeit, in der die Reichen ihre eigenen Kutschen besaßen und die weniger Begüterten zu Fuß gehen mußten.
Von Pferden gezogene Omnibusse, teilweise als Doppeldecker oder auf Straßenbahnschienen laufend, waren noch bis in unser Jahrhundert hinein in vielen Großstädten im Einsatz. Doch schon 1818 hatte Jan Christian Dietz in Belgien den ersten Dampfbus gebaut, der von seinem Sohn Karel technisch perfektioniert wurde. Bei dieser Konstruktion wurde das Pferd durch einen Dampftraktor ersetzt, der eine spezielle Kutsche hinter sich herzog. Der größte Nachteil dieser wie auch vieler nachfolgender Dampfbuskonstruktionen war das hohe Gewicht der Dampfmaschinen und Kessel.

Der erste Kraftpostomnibus in Deutschland fuhr am 31. Mai 1905 von Bad Tölz nach Lenggries, mit einer Höchstgeschwindigkeit von 21 km/h. Heute steht der 21 PS DAIMLER aus dem Werk Marienfelde im Verkehrsmuseum Nürnberg.

Das Jahr 1895 sah die erste Motorbuslinie in Aktion. Ein Autobus der Marke Benz befuhr am 18. März 1895 erstmals die Strecke zwischen den deutschen Orten Netphen und Deutz. Acht Personen konnten transportiert werden. Der geschlossene Wagenaufbau, der Fahrer saß noch im Freien, basierte auf dem 5 PS „Landauer" Personenwagen. Das hochbeinige Fahrzeug sah aus wie eine Postkutsche, der man die Pferde mitsamt Deichsel gestohlen hatte. Es erreichte eine Höchstgeschwindigkeit von 20 km/h. Doch nach kurzer Zeit stellten sich unlösbare Probleme ein. Die schmalen, nur wenige Zentimeter breiten Speichenräder mit einem dünnen Vollgummibelag versanken in den durch die schweren Pferdefuhrwerke ausgefahrenen Sandwegen. So wurde dieser Betrieb schon im ersten Winter wieder eingestellt.

Dieser STANLEY STEAMER, gebaut in Newton/USA im Jahre 1913, wurde von einem holländischen Sammler perfekt restauriert. Leise zischend und schnaufend bewegt er sich vorwärts. Unter seiner Motorhaube steckt ein Dampfkessel, der dem Fahrzeug eine Leistung von 30 PS verleiht. Die Sitze sind in Reihen hintereinander angeordnet, mit separaten Einstiegen für jede Reihe. Die Engländer nannten diesen Stil, der für Ausflugsbusse der dreißiger Jahre sehr beliebt war, beziehungsreich „toast rack" (= Toastständer).

ZZ-29-23

1897 konstruierte Gottlieb Daimler seinen ersten Bus. Fahrzeuge dieser Marke wurden eingesetzt bei dem zweiten Versuch, eine Motorbuslinie auf die Beine zu stellen. Die „Motorwagenbetrieb Künzelsau – Mergentheim GmbH" bediente eine 30 km lange, kurvenreiche Strecke mit zwei Daimler 10 PS-Bussen, die auf dem Fahrgestell der Victoria-Personenwagen basierten. Die Konstruktion sah einem heutigen Omnibus schon ähnlicher, mit einer geschlossenen Kabine für 10 Personen und einem rückwärtigen Einstieg für die Passagiere. Der Antrieb erfolgte mit einer Kette auf die Hinterräder. Doch auch diese Fahrzeuge blieben wieder zu häufig im Schlamm der noch nicht befestigten Straßen stecken und waren auf die Kraft lebendiger Pferde angewiesen, um wieder freizukommen.

Ein SAURER TYP 5 GF, hergestellt von der Österreichischen Saurerwerke AG Anfang der fünfziger Jahre, mit 145 PS 6-Zylinder-Dieselmotor, verdiente sein Brot noch 1979 im harten Einsatz als Skibus in Wagrain/Salzburger Land.

Alpi
zur Schischaukel
Kirchboden
für Sportbegeisterte
Alpi-Milch
Milch
Butter
Käse
Alpi
S 62.013
363-053

Schon zu Beginn dieses Jahrhunderts entwickelte Saurer aus Arbon in der Schweiz die ersten der später berühmt gewordenen Alpenwagen. Enge Haarnadelkurven und steile Gefällstrecken stellten besondere Anforderungen an die Omnibusse in den Alpenländern. Häufig ist das Lenkrad auf der rechten Seite zu finden, damit der Chauffeur auf engen Paßstraßen den Fahrbahnrand besser sehen konnte, denn jenseits dieses Randes konnte es Hunderte von Metern senkrecht bergab gehen.
Der typische Alpenwagen, hergestellt von den Schweizer Firmen Saurer, Berna und FBW, besaß die charakteristische Schnauze, wie wir sie bei diesem BERNA L 4 UP 354 von 1966 sehen. Darunter steckt ein 6-Zylinder 8,72-Liter-Motor mit 135 PS.
Der Karosseriestil von Ramseier + Jenzer mit den glatten Flächen tendiert schon zur Form der siebziger Jahre. Die Schnauze aber ist praktisch unverändert geblieben, von den ersten Saurer-C-Typen aus dem Jahre 1935 bis hin zu den Saurer Haubenbussen des Jahres 1970.
Die „Normallenker", so hießen die Schnauzenbusse offiziell, hatten unbestreitbare Vorteile gegenüber den Frontlenkern. Zum einen war der Motor für Wartungs- und Reparaturarbeiten von allen Seiten zugänglich, zum anderen lag das Motorgewicht auf der Lenkachse, was bei winterlichen Bedingungen auf kurvigen Bergstraßen lebensentscheidend sein konnte.

AG 17265

Ein Mehrfaches des ursprünglichen Neupreises hat die Restaurierung dieses MERCEDES-BENZ O 3500 aus dem Jahre 1956 gekostet. Doch nun läßt der Glanz seiner verchromten Kühlerhaube die Erinnerung zurückschweifen in die Golden Fifties. 27 Personen konnten auf den kunstlederbezogenen Sitzen das Gefühl des Wieder-Reisen-Könnens genießen, nachdem in der Zeit nach dem Kriege die Grenzen Deutschlands nach allen Seiten dicht gewesen waren.
Der 85-PS-Motor (Hubraum: 4850 ccm) hatte zwar beim Überqueren der Alpen seine Mühe mit dem beladen 8,25 Tonnen wiegenden Fahrzeug. Doch durch das aufgerollte Faltkurbeldach konnte man dann die Sonne Italiens und den Duft des Frühlings direkt spüren, keine aufwendige Klimaanlage pustete ihre Kälte in den Fahrgastraum. Am Hotel angekommen, stieg der Page über eine Leiter am Heck auf das Dach des Busses und holte die Koffer vom Dachgepäckträger. Eine Segeltuchplane hatte sie mehr oder weniger vor den Unbilden des Wetters geschützt.

MA-RJ 444

Eines der erfolgreichsten Busmodelle der fünfziger Jahre war der MERCEDES-BENZ O 321 H, der ab 1954 in mehr als 10000 Exemplaren hergestellt wurde.
Der 110-PS-6-Zylinder-Dieselmotor liegt im Heck und verleiht dem Bus eine Dauergeschwindigkeit von 95 km/h.
Die Dachrandverglasung soll einen ungestörten Blick auf die monumentale Bergwelt oder die faszinierenden Bauten der europäischen Nachbarländer eröffnen.
Es war sogar eine Version mit voll verglastem Dachbereich im Programm.

1953 stellte KÄSSBOHRER den SETRA S 10 mit 10 Sitzreihen vor. Er war bereits in zwei Versionen, für Linien- und für Reiseverkehr, erhältlich. Henschel lieferte den 6-Zylinder-Heckmotor mit 125 PS. Das abgebildete Fahrzeug aus dem Jahre 1954 gehört heute zum Museumsfundus des Hauses Kässbohrer in Ulm.

Dieser Reisebus mit dem ausladenden Hinterteil ist ein KÄSSBOHRER SETRA S 8 von 1951. Unter dem gewölbten Heck verbirgt sich ein 6-Zylinder-Henschel-Diesel mit 5,43 l Hubraum und 100 PS Leistung, der zwecks besserer Zugänglichkeit nach hinten herausziehbar ist. Dem Problem der mangelnden Kühlung eines nicht mehr direkt dem Fahrtwind ausgesetzten Heckmotors begegnete man, indem man den Kühler vorn im Bug anordnete. Der Bus bietet Platz für 33 Passagiere und 2 Begleiter. Außerdem konnten noch 7 Notsitze im Gang aufgeklappt werden, eine damals viel praktizierte, wenn auch nicht allzu bequeme Lösung zur Ausnutzung der vollen Transportleistung.
Setra ist die zusammengezogene Form des Wortes selbsttragend. Bei dem Setra S 8 haben wir es mit dem ersten Modell einer den Busbau revolutionierenden Konstruktion zu tun. Bis dahin war ein aus dem Lastwagenbau stammender Rahmen mit einem Busaufbau versehen, mit allen sich daraus ergebenden Komforteinbußen. Doch Lastwagenfahrgestelle wurden für die Produktion von LKW für die Aufbauarbeit nach dem Kriege dringend gebraucht und waren daher schwer zu bekommen. So machte Otto Kässbohrer aus der Not eine Tugend und entwickelte mit seinem Konstrukteur Georg Wahl zusammen eine aus Vierkantrohren geschweißte Gitterkonstruktion, die wie ein großer Käfig in sich selbst stabil war.

DIE TECHNISCHE WEITERENTWICKLUNG DES AUTOBUSSES

Die ersten Autobusse von Benz und Daimler waren erweiterte Personenwagen und hatten dadurch bedingt eine zu geringe Anzahl von Plätzen zu bieten. Nach Aufkommen spezieller Lastwagenfahrgestelle setzten die Hersteller ihre Omnibusaufbauten auf diese robusten Unterkonstruktionen. Vollgummibereifte Räder schüttelten die auf Holzbänken sitzenden Passagiere auf den noch vorwiegend kopfsteingepflasterten Stadtstraßen gehörig durch. Doch Menschen sind nun mal keine Holzfässer oder Kohlensäcke. Sie verlangten eine Verbesserung der Bequemlichkeit. Anfängliche Versuche mit Luftreifen für Autobusse scheiterten, da sie das hohe Gewicht der Fahrzeuge nicht lange genug tragen konnten und nach einigen Fahrten voll abgenutzt waren. Parallel zum Lastwagenbau kamen aber in den dreißiger Jahren verstärkt Luftreifen zum Einsatz. Auch der Übergang von Blattfedern zu der heute weitgehend üblichen Luftfederung brachte eine gewaltige Steigerung des Fahrkomforts mit sich. Die Lastwagenfahrgestelle mit dem hoch aufragenden Busaufbau, teilweise noch mit Sitzen auf dem Oberdeck, ergaben eine so ungünstige Schwerpunktlage, daß das schnelle Durchfahren von Kurven zu einer riskanten Übung wurde. Auch gestaltete sich das Besteigen des Omnibusses zu einem anstrengenden Gymnastiktraining. MAN und Benz gebührt das Verdienst, um 1924 die ersten Niederrahmenfahrgestelle für den Einsatz in Bussen entwickelt zu haben. Die Hinterachse hatte einem tiefer liegenden Aufbau immer im Wege gestanden. Jetzt ging man daran, die Rahmenlängsträger über der Achse nach oben hin auszubuchten, d.h. zu kröpfen. Von nun an entwickelten sich Bus- und Lastwagenfahrgestelle zunehmend voneinander weg bis hin zu den heutigen selbsttragenden Aufbauten ohne speziellen Rahmen.

Der erste echte moderne Reisebus dieser Größenordnung war der 1955 vorgestellte KÄSSBOHRER SETRA S 6. Ausgerüstet mit einem 4-Zylinder Henschel Diesel mit 4070 ccm Hubraum und 85 PS (später 90 PS) im Heck wurde er bis 1964 in rund 1200 Exemplaren hergestellt, von denen noch viele bis heute überlebt haben.

Dem Wunsch nach höherer Passagierkapazität, denn Autobusse hatten inzwischen einen entscheidenden Anteil im Nah- und auch Mittelstreckenverkehr erreicht, kam Büssing 1924 mit dem ersten Dreiachsomnibus der Welt entgegen. Dieser Riese mit einem zunächst 55 PS, später 90 PS leistenden Otto-Motor unter seiner langen Schnauze besaß zwei angetriebene Hinterachsen und sogenannte Riesenluftreifen auf allen sechs Rädern. Der Zwang, immer mehr Fahrgäste befördern zu können, führte noch zu anderen interessanten Konstruktionen. Die bekannteste davon ist der Doppeldecker, zunächst mit offenem, dann mit geschlossenem Oberdeck. Auch der Omnibusanhänger war bis zu seinem Verbot im Jahre 1960 in Deutschland sehr populär. In der Folge dieses Verbots entwickelte man dann Gelenkzüge und Eineinhalbdecker.

Der Einzug des Dieselmotors in den Lastwagenbau brachte es mit sich, daß seit Mitte der zwanziger Jahre zunehmend mehr Omnibusse mit diesem Motor ausgestattet wurden. Der Vorreiter dieses Trends war die Firma MAN, die bereits 1924 ein Diesellastwagenfahrgestell mit einem Busaufbau ausrüstete und damit den ersten Dieselbus der Welt herausbrachte. Während die Schnellbusse der dreißiger Jahre noch mit 50–100 PS auskommen mußten, besitzen ihre heutigen Brüder Motoren mit 200–300 PS und mehr.
Die Lage des Motors wandelte sich ebenfalls im Laufe der Zeiten. Der Haubenbus mit stehendem Motor in der langen Schnauze war lange Zeit unangefochten die anerkannte Bauweise. 1923 entwickelten sowohl Benz als auch die vogtländische Firma VOMAG eine Art Frontlenkerbus. Um den Passagierraum optimaler nutzen zu können, setzte man die Fahrerkabine neben den immer noch vorn stehenden Motor. Diese Anordnung wurde von Büssing perfektioniert und unter der Bezeichnung Trambus

Malta, die Sonneninsel im Mittelmeer, ist die Heimat einer Vielzahl skurriler Busse. Jedes Fahrzeug ist individuell angezogen, dem meist barocken Geschmack und Formempfinden der vielen kleinen heimischen Karosseriebauer und ihrer Kunden entsprechend. Der Innenraum wird vom Besitzer des Busses gleichermaßen dekoriert, mit Heiligenbildern, dem Porträt der Queen oder des Papstes, zu Weihnachten mit einer ganzen Krippenlandschaft. Die Fahrgestelle und Motoren sind meist britischen Ursprungs wie bei diesem AEC oder stammen von amerikanischen Armeelastwagen aus dem Zweiten Weltkrieg.

mit großem Erfolg verkauft. Doch der riesige Motorkasten im vorderen Teil des Innenraumes strahlte eine große Hitze ab, angenehm im Winter, doch im Sommer war es nicht unbedingt angeraten, sich im Vorderteil des Busses aufzuhalten. Auch die Geruchskulisse von verbranntem Öl, die sich im ganzen Bus verteilte, trug nicht zum Wohlbefinden der Fahrgäste bei. Hanomag in Hannover verbannte erstmals 1933 den Motor aus dem Passagierraum, indem man ihn unterhalb des Fahrzeugaufbaus, das heißt „unterflur" anordnete. 1936 zeigte Büssing auf der Berliner Autoausstellung den ersten in Serie hergestellten Bus mit einem Unterflurdiesel. Es war das Modell 900 TU mit 140 PS Leistung.

Ende der dreißiger Jahre entwickelte General Motors in den USA für einen Greyhound-Bus eine völlig neue Motoranordnung, den Heckmotor, heute die am meisten verwendete Alternative. Nach Europa kam sie erst 1946 in dem Krauss-Maffei-Bustyp KMO 130 mit 130 PS leistendem Maybach-Motor. Probleme bei dieser Motoranordnung ergaben sich für eine mechanische Übertragung zwischen Schalthebel und Getriebe. So kam in diesem Bustyp ab 1950 eine neu entwickelte Getriebeautomatik, die Diwabus-Automatik von Voith, zum Einsatz. Von diesem ersten Bus mit längs im Wagenheck stehendem Motor war es aber noch ein weiter Weg über quer eingebaute bis hin zu den heute üblichen platzsparenden liegenden Heckmotoren.

Dieser Bus aus Gozo, der Nachbarinsel von Malta, ist auf einem britischen FORDSON THAMES ET 6 Lastwagenfahrgestell mit V-8-Benzinmotor aufgebaut.

Y-1513

Der Einheitstyp für alle Städte der riesigen Sowjetunion ist der LIAZ 677, hergestellt im Omnibuswerk von Likino. Ob in Moskau, Irkutsk oder, wie hier, in Taschkent, überall die gleichen Fahrzeuge mit derselben orange-gelben Lackierung. Der V-8-Benzinmotor steht in einem voluminösen Motorkasten vorn neben dem Fahrer im Passagierraum. Für 110 Passagiere ist der Bus vorgesehen, muß aber in der Sowjetunion, wo die Benutzung von Bussen immer noch von entscheidender Bedeutung ist, oft noch höhere Belastungen aushalten.

Wenn im Frühjahr die oberste Bodenschicht der sibirischen Taiga auftaut, verwandeln sich die Wege in kaum noch passierbare Schlammstrecken. So besitzt dieser russische PAZ aus dem Pavlovo Buswerk, der hier vor dem Flughafen von Bratsk wartet, Allradantrieb. Wie bei russischen Lastwagen und Omnibussen noch häufig der Fall, hat er einen Vergasermotor (6 Zylinder), eine Folge des amerikanischen Einflusses auf den sowjetischen Nutzfahrzeugbau im und nach dem Zweiten Weltkrieg.

Die Länder der Dritten Welt benötigen Busse, die es aushalten können, von wenig gefühlvollen Fahrern voll überladen über staubige Wellblechpisten geprügelt zu werden. So basiert auch dieser LEYLAND-ALBION CLYDESDALE, fotografiert in Kenia, auf einem stabilen Rahmenfahrgestell mit vorn stehendem 6-Zylinder-Diesel.
47–54 Sitze sind eigentlich vom Hersteller vorgesehen, doch durch knapperes Bemessen der Abstände zwischen den Reihen passen noch mehr Passagiere hinein, und zur Not ist auf dem Dach zwischen dem Gepäck ein Plätzchen frei. Der Bus ersetzt hier auch den Lieferwagen für den Transport der Güter, die man auf dem Markt verkaufen will oder eingekauft hat. So liegen dann Hühner oder sogar Ziegen im Gang, Körbe mit Früchten stapeln sich auf den Schößen der Reisenden. Der voll beladene Dachgepäckträger gibt dem Bus oft die Höhe eines ausgewachsenen Doppeldeckers, und der arme Tourist, der seinen Rucksack dem Boy zum Verstauen hinaufgereicht hat, blickt bei jedem der nicht wenigen Schlaglöcher nach hinten auf die Straße, ob sein Gepäck nicht schon hinunterkatapultiert worden ist. Haltestellen sind dort, wo jemand durch Handzeichen zu verstehen gibt, daß er mitwolle, oder wo lautes Geschrei der Insassen den Fahrer informiert, daß jemand aussteigen will. Zusätzliche Haltepausen sind dort, wo Freunde oder Verwandte des Fahrers wohnen.

Diesen BÜSSING SENATOR von etwa 1960 hat es auf die kanarische Insel Teneriffa verschlagen, wo er im Linienverkehr der Hauptstadt Santa Cruz fährt.
Es war der erste Fahrzeugtyp in der sogenannten Röhrenbauweise, bei der Bodenplatte, Seitenwände und Dach eine selbsttragende Röhre bildeten. Die Seitenwände bestehen dabei aus einer geschweißten Fachwerkkonstruktion, während die Außenhaut aus Leichtmetall keine tragende Funktion besitzt und so bei Reparaturen problemlos ausgetauscht werden kann. Für etwa 70000 DM erhielt das Busunternehmen einen 100-Personen-Bus, der mehr an Nutzlast tragen konnte, als er selbst wog. Der 145 PS 6-Zylinder-Unterflur-Diesel mit 7 Liter Hubraum liegt im Heck, wodurch die bislang bei Linienwagen übliche hintere Stehplattform nicht mehr möglich war. Diese war jedoch auch überflüssig, da das Fahrzeug konsequent für den Einmannbetrieb konstruiert war. Um den Fahrer, der durch das Kassieren und die Fahrscheinausgabe zusätzlich belastet war, wieder etwas zu entlasten, besaß der Senator meist ein automatisches Voith-Diwabus- oder ZF-Getriebe. Die serienmäßige Hilfslenkung war inzwischen gesetzlich für alle Busse vorgeschrieben, so daß jetzt auch Fahrer (oder Fahrerinnen) mit geringeren Muskelpaketen die schweren Fahrzeuge lenken konnten.

Mehr als 2000 Stadtomnibusse fuhren schon 1948 in Paris, die größte Zahl davon vom Typ RENAULT TN 4 UND TN 6, wie er hier abgebildet ist. Diese Typenreihe wurde zwischen 1931 und 1935 gebaut und bestimmte bis zum Ende der sechziger Jahre das Straßenbild der französischen Hauptstadt.
50–56 Passagiere fanden in dem Fahrzeug Platz. Der Typ TN 4 ist mit einem 4-Zylinder-Motor ausgerüstet (58 PS), während die sechs Zylinder des TN 6 67 PS leisten.

Der MAN METROBUS 750 HO bietet Platz für bis zu 115 Fahrgäste. Er wurde in Längen von 10 bis 12 Metern geliefert. Der 160 PS 6-Zylinder-MAN-HM-Motor liegt unterflur im Heck. Auf Wunsch kann auch ein 192 PS-Motor installiert werden. Der Aufbau ist in selbsttragender Bauweise ausgeführt mit einem Gerippe aus verschweißten Vierkantrohren.

DER DOPPELDECKER

Eine Großstadt zu „erfahren" von der oberen Etage eines Doppeldecker-Busses aus, herabzublicken auf das Menschen- und Autogewimmel, über das man unangefochten hinwegschwebt, ist ein besonderes Erlebnis. Der Motorbus hatte schon zu Beginn dieses Jahrhunderts einen solchen Erfolg, daß die noch kleinen Autobusse die Mengen an Fahrgästen nicht mehr aufnehmen konnten. Für längere Fahrzeuge war aber in den winkligen Altstadtgassen nicht genügend Platz. So blieb nur noch der Weg in die Höhe. Sitzbänke wurden auf dem Dach montiert, wie bereits vorher schon auf den Pferdeomnibussen. Über eine steile Treppe am Heck des Busses kletterte man auf das von einer Reling umgebene Oberdeck. Wetterschutz war keiner vorhanden, und bei der Fahrt unter Brücken oder Alleebäumen war es nicht ratsam, wenn ein Dachpassagier von seinem Sitz aufstand. Brücken waren dann bei den geschlossenen Aufbauten ein noch größeres Hindernis.

Dieser YELLOW COACH TYPE Z Doppeldecker beförderte um 1930 die Fahrgäste auf der berühmten Fifth Avenue in New York. Yellow Coach in Chicago, später in Pontiac/Michigan, war ab 1925 eine Tochtergesellschaft von General Motors und wurde 1943 in GMC Truck & Coach umbenannt. Voll restauriert transportiert der Busveteran hier die Besucher des Harrah Automobilmuseums im Spielerparadies Reno/Nevada.

Harrah's
AUTOMOBILE COLLECTION
NEV
5 AVE

Ein weiterer Nachteil besteht darin, daß wegen der geringen Innenhöhe von höchstens 1,80 m im Unterdeck und noch weniger im Oberdeck nur wenige Stehplätze als Reserve für plötzlichen Andrang zur Verfügung stehen. Bei den Durchschnittsgeschwindigkeiten von maximal 10 km/h während der Verkehrsspitzenzeiten in den Millionenstädten ist es jedoch angenehmer, die langen Fahrtzeiten sitzend zu verbringen, und Sitzplätze kann der Doppeldecker in ausreichender Anzahl bieten.

Dieser LEYLAND TITAN PD 3/6 von 1958 ist ein Open-Top-Doppeldecker. Ursprünglich fuhr er auf Linien am Strand des britischen Seebades Southend. Heute werden diese Busse als „Sundecker" in Marokko, Griechenland und anderen Mittelmeerländern, aber auch in der Schweiz und in Skandinavien eingesetzt, bei Reisen für junge Menschen, die abseits der Autobahnen die Natur vom offenen Oberdeck aus hautnah genießen wollen.
Die Titan Doppeldecker-Serie, die von 1945 bis 1968 gebaut wurde, besitzt einen neben dem Fahrer stehenden 9,8 Liter Leyland Diesel, der 125 PS entwickelt.

BOURNES GREEN
69
EASTWOOD
RAYLEIGH
SOUTHEND TRANSPORT
Sundecker
PHJ 952

Über 3000 Stück von diesem AEC B-TYPE (Baujahr 1910) wurden an die Londoner Verkehrsbetriebe geliefert. Angetrieben wurden diese offenen 34-Sitzer-Doppeldecker von einem 30 PS 4-Zylinder-Benzinmotor. Der tragende Rahmen bestand aus Eschenholz. Als der Erste Weltkrieg ausbrach, wurden viele dieser Busse als Truppentransporter zur Front abkommandiert.

Eine Bildserie von London ohne die roten Doppeldecker wäre unvollständig, denn dieser Bustyp ist untrennbar verbunden mit dem Personentransport in fast allen britischen Städten. Doch auch in Berlin, Wien, Frankfurt, Stockholm, Rom und anderen Großstädten liefen oder laufen noch große Mengen von diesen Riesen. Auch die großen Städte im ehemaligen britischen Kolonialreich wie Hongkong, Singapur, Colombo oder Johannesburg sind noch immer gute Abnehmer von doppelstöckigen Bussen. Unser Bild, aufgenommen 1984, zeigt einen AEC REGENT V aus dem Ende der fünfziger Jahre im Linieneinsatz in Portugal.

Die Verkehrsbetriebe von Paris, deren Busse täglich um den immer enger werdenden Platz auf den Straßen zu kämpfen haben, kauften 1968 26 Doppeldecker vom Typ BERLIET PCMRE, den wir hier auf der Place de la Concorde sehen. Drei Türen und zwei Treppen zum Oberdeck sollen für einen ungehinderten Fluß der 84 Passagiere sorgen. Ein MAN 6-Zylinder-Diesel mit 150 PS, derselbe wie in dem Eindecker BERLIET PGR (links im Bild), hat große Mühe mit dem hohen Gesamtgewicht von 16 Tonnen. Der Doppeldecker fand wenig Anklang bei den Pariser Bürgern, war auch nur schwer für den personalsparenden Einmannbetrieb umzurüsten und verschwand bereits nach 9 Jahren Dienst wieder aus dem Straßenbild.

94
LUT
94

Der Eineinhalbdecker ist eine typisch deutsche Form des Großraumomnibusses, gefördert durch das Verbot des Mitführens von Busanhängern im Jahre 1960. Um die hohe Nutzlast zu erreichen, die Fahrzeuge waren für mehr als 150 Personen ausgelegt, wurde hinter der angetriebenen Hinterachse eine Schleppachse angebracht. Der erste Eineinhalbdecker wurde ab 1951 von der Firma Ludewig in Essen unter dem Markennamen Aero produziert, ein Reise-Fahrzeug auf Büssing- oder FAUN-Chassis. Auch Krupp-Südwerke trat als Anbieter von Fahrgestellen auf. 1956 wurde von Ludewig die Serienfertigung von Linienbussen in dem neuen Stil aufgenommen, zunächst auf Büssing-Unterbau. Unser Bild zeigt einen MERCEDES-BENZ O 317 als Aero-Eineinhalbdecker der Krefelder Verkehrs-AG (Baujahr 1972). 1984 war dieses Fahrzeug noch im täglichen Einsatz, harrte aber seiner Ablösung durch neue Gelenkbusse, die schon fast überall die ehedem so häufigen Eineinhalbdecker abgelöst haben. Das O 317-Fahrgestell mit horizontal eingebautem 200 PS, später 210 PS leistendem Motor wurde von Ludewig von 1959 bis 1976 für die Umrüstung zum dreiachsigen Großraumbus mit zweiter Etage im Heckteil verwendet. Der zweite Anbieter dieser Bauart in Deutschland war die Firma Vetter in Fellbach bei Stuttgart.

KREFELDS GROSSES UND MODERNES
HAUS DER BÜCHER
BUCHHANDLUNG
HOCHSTRASSE 52
GREVEN
Krefeld 069
5554

Der BÜSSING D 2 U 55 Doppeldecker (1955–63) wird heute gern als Werbewagen mit Bar- oder Ausstellungseinrichtung genutzt oder dient als mobiles Beratungsbüro. Ursprünglich fuhren über 1000 davon für die Berliner Verkehrsbetriebe. Bereits 1907 wurde der erste Oberdeckbus von Büssing an die ABOAG Berlin geliefert, und noch heute stammen die modernen Berliner Doppeldecker von der Firma MAN, die den traditionsreichen Betrieb Büssing 1971 übernahm. Der Typ D 2 U wurde mit leichten Änderungen von 1952 bis 1963 gebaut. Sein 150 PS leistender Unterflur-Diesel war in der Wagenmitte angeordnet. 70 Fahrgäste besaßen Sitzplätze. Zusätzlich konnten 30 Personen im Unterdeck stehen. Anfangs war die hintere Plattform offen. Eine stabile Stange in der Mitte des Einstiegs bot Halt, wenn sportliche Passagiere bei langsamer Fahrt außerhalb der Haltestellen auf- oder abspringen wollten. Dies wurde jedoch unmöglich gemacht, als 1963 aufgrund von gesetzlichen Sicherheitsvorschriften der offene Einstieg durch eine Doppelfalttür ersetzt werden mußte.

LANCIA
Exklusive Ausstellung Auto & Kunst ´84
Autozentrum B 51
am 5. und 6. Mai von 10.00 bis 18.00 Uhr

DER OBERLEITUNGSBUS

Der O-Bus (Oberleitungs-Bus), auch Trolleybus genannt, war eine direkte Weiterentwicklung der Straßenbahn, die die Vorteile von Straßenbahn und Motorbus verband: Auf der einen Seite war er als elektrisch betriebenes Fahrzeug bedeutend geräuschärmer als die anfangs noch laut röhrenden Dieselbusse. Er besaß zudem ein immenses Anzugsvermögen, vor allem auch an Steigungen. Andererseits konnte er Hindernisse umfahren, in belebten Stadtstraßen ein nicht zu übersehender Vorteil, denn ein im Schienenbereich falsch geparkter Wagen kann den gesamten Straßenbahnverkehr zum Erliegen bringen. 56 Städte in Deutschland besaßen in den fünfziger Jahren einen O-Bus-Betrieb. Doch 1984 waren nur noch Solingen, Kaiserslautern und Esslingen übriggeblieben. Größere Mengen an Trolleybussen sind allerdings noch in der Schweiz im Einsatz, wo auch noch immer neue Modelle hinzugekauft werden, viele mit Schweizer Saurer-, FBW- (jetzt Daimler-Benz) oder Volvo-Fahrgestellen.
1882 wurden in Berlin die ersten durch eine Oberleitung versorgten schienenlosen Fahrzeuge von Werner von Siemens vorgestellt. Die erste O-Bus-Linie nahm 1901 den Betrieb auf zwischen Königstein an der Elbe und dem Kurort Königsbrunn. Doch da die eisenbereiften Holzräder dem

BRITISH UNITED TRACTION (B.U.T.) lieferte 1959–61 fünfzig von diesen dreiachsigen Trolleybusriesen vom TYP 9642 T an die südafrikanische Stadt Johannesburg.

Komfort nicht besonders dienlich waren, wurde der Versuch nach drei Jahren wieder abgebrochen. Auch weitere Anläufe, so der von AEG nach dem Sattelschlepper-Prinzip konstruierte O-Bus, scheiterten, und dieser Fahrzeugtyp geriet vorerst in Vergessenheit. Erst 1930 besann man sich wieder auf dieses Verkehrsmittel. Ausgehend von bewährter Straßenbahntechnik entwickelte man neue Antriebssysteme. Doch auch der Dieselbus wurde leiser und war vor allem flexibler in der Linienführung. Bei der Erweiterung einer O-Bus-Linie in neu erschlossene Baugebiete war zunächst eine beträchtliche Summe zu investieren, um das Fahrleitungsnetz entsprechend anzupassen. Im Bereich von Kreuzungspunkten mehrerer O-Bus-Linien war der Himmel über den Straßen verhangen mit Leitungsgewirr, Weichen und Trageseilkonstruktionen.

Mit zunehmender Verteuerung des Mineralöls haben sich jedoch viele Städte Gedanken über eine Wiedergeburt eines O-Bus-Netzes gemacht. So experimentiert Essen mit einem Duobus, einem Fahrzeug, das sowohl mit Hilfe von Elektrizität, entnommen aus einer Fahrleitung, als auch mit dem internen Dieselmotor angetrieben werden kann.

Ein AERO TS 2 O-Bus der Stadtwerke Solingen, hergestellt von Ludewig in Essen-Altenessen auf einem Krupp-Dreiachs-Fahrgestell.

IN DER GLEICHEN REIHE ERSCHIENEN:

ALTE LIEBE ROSTET NICHT
Beliebte Kleinwagen der fünfziger Jahre

AMISCHLITTEN
Die amerikanischen Traumautos

ALTE FEUERWEHRAUTOS
Eine spritzige Dokumentation

TRUCKS AUF DEUTSCHEN STRASSEN
Chromblitzende und heiß aufgeputzte Brummis

JUNGGEBLIEBEN, BMW-VETERANEN
Die schönsten noch erhaltenen BMW vom
AM 3/20 bis zum 3200 CS

HEISSGELIEBT UND GUT ERHALTEN
Motorräder von gestern

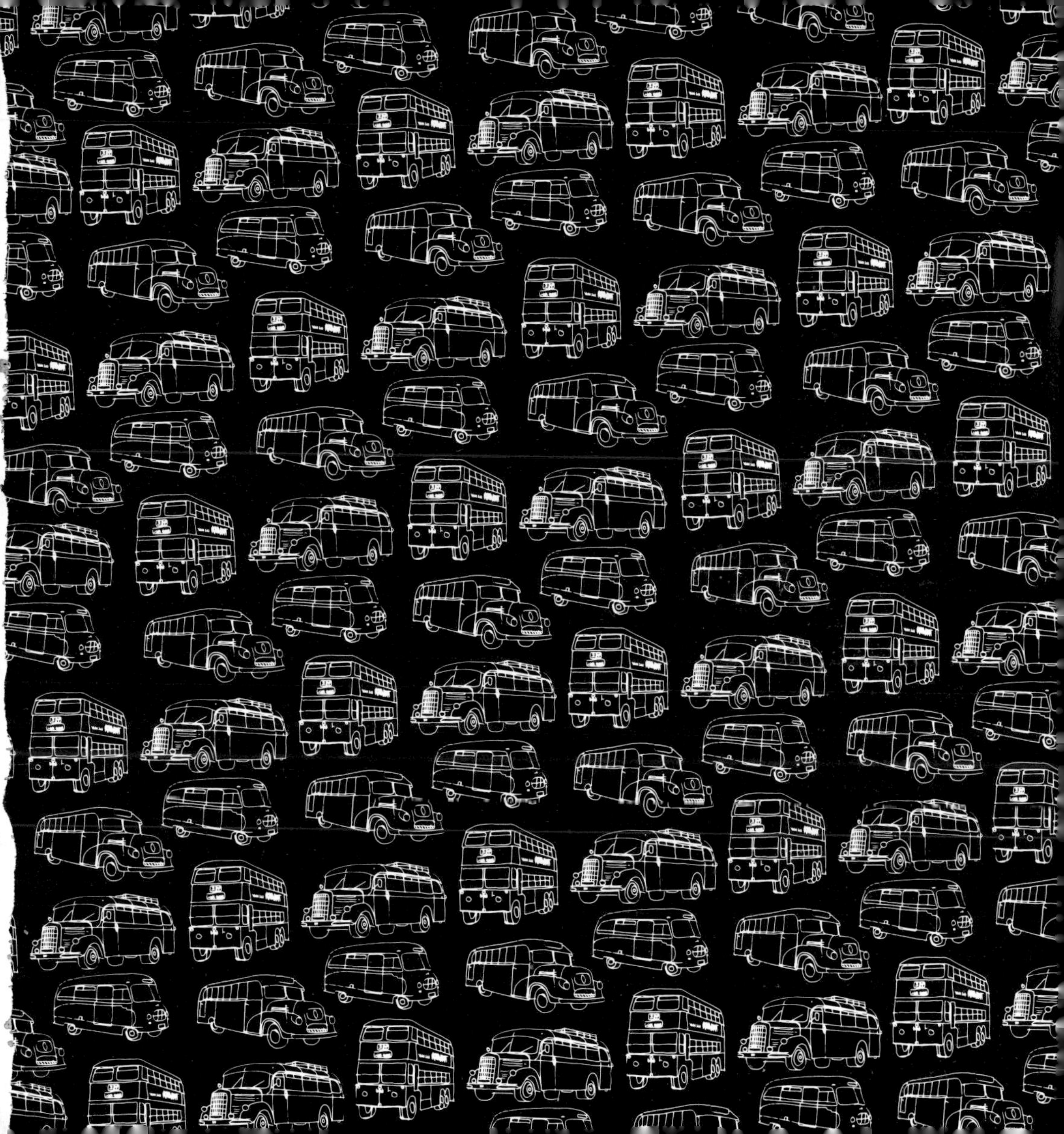